妙如魔法的科學

史蒂夫·莫爾德 著

新雅文化事業有限公司
www.sunya.com.hk

　Penguin Random House

新雅・知識館
妙如魔法的科學
作　　者：史蒂夫・莫爾德（Steve Mould）
翻　　譯：羅睿琪
責任編輯：張碧嘉
美術設計：黃觀山
出　　版：新雅文化事業有限公司
　　　　　香港英皇道499號北角工業大廈18樓
　　　　　電話：(852) 2138 7998
　　　　　傳真：(852) 2597 4003
　　　　　網址：http://www.sunya.com.hk
　　　　　電郵：marketing@sunya.com.hk
發　　行：香港聯合書刊物流有限公司
　　　　　香港荃灣德士古道220-248號荃灣工
　　　　　業中心16樓
　　　　　電話：(852) 2150 2100
　　　　　傳真：(852) 2407 3062
　　　　　電郵：info@suplogistics.com.hk
版　　次：二〇二二年八月初版

ISBN: 978-962-08-8052-0
Original Title: *Science Is Magic*
Copyright © Dorling Kindersley Limited, 2019
A Penguin Random House Company
Traditional Chinese Edition © 2022 Sun Ya Publications (HK) Ltd
18/F, North Point Industrial Building, 499 King's Road, Hong Kong
Published in Hong Kong, China
Printed in China

For the curious
www.dk.com

目錄

這是魔法嗎？

嘩！它浮起來了！

他們是如何做到的？

4

作者的話

這本書提供了許多不同的實驗，讓你探索科學和魔術之間的奇妙關係。

你將會發現，飄浮、隱身和心靈控制等引人入勝的魔術效果，能夠在自己的家中如法炮製重現。你也會從魔術與科學界的重要人物，例如哈里·霍迪尼（Harry Houdini）和牛頓（Isaac Newton）等身上獲益良多。

這個世界謎團處處，它們都彷彿是魔法，直至你找到箇中原理。我們會探索部分謎團，例如令人目眩神迷的空中光影匯演——極光是怎樣形成的？為什麼有些怪異岩石能夠自行越過美國加州沙漠？

我們也會探究一下超自然現象。如果你想深入了解鬼魂、算命師和水晶療法等事情，那麼繼續看下去吧……真相往往比小說更離奇！

史蒂夫·莫爾德

如何使用本書

你準備好成為一位科學魔術師了嗎？來一起學習一些神奇的實驗，讓你的朋友驚歎不已，再找出魔術師如何在他們最有名的魔術招數中運用科學，並發現周邊世界中隱藏的魔法吧。

給家長的話

視乎孩子的年齡和能力，書中的活動可能需要成人協助及從旁指導。請確保孩子使用適合他們年齡的工具，並在需要時提供協助和指導，以保障他們的安全。對依循本書建議而導致受傷，或引致任何財物或人命損失，本出版社將不會負上任何法律責任。

部分魔術會附有額外挑戰。

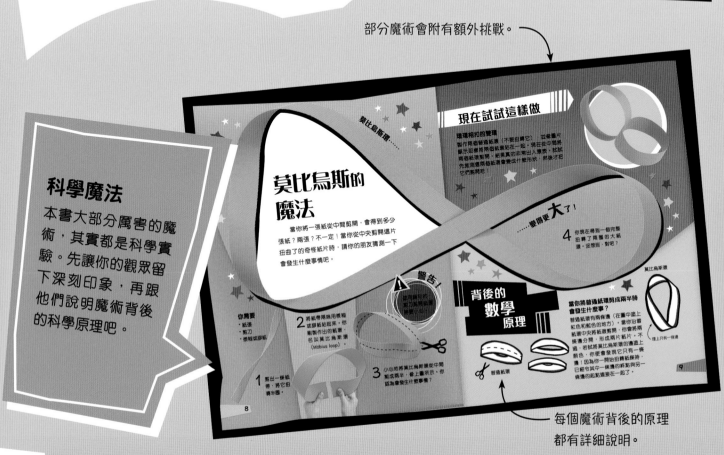

科學魔法

本書大部分厲害的魔術，其實都是科學實驗。先讓你的觀眾留下深刻印象，再跟他們說明魔術背後的科學原理吧。

莫比烏斯的魔法

當你將一張紙從中間剪開，會得到多少張紙？兩張？不一定！當你從中央剪開這片扭曲了的奇怪紙片時，請你的朋友猜測一下會發生什麼事情吧。

你需要
· 紙張
· 剪刀
· 膠紙或膠水

1 裁出一條紙條帶，將它扭轉半圈。

2 將紙帶兩端用膠紙或膠水黏起來。你剛製作出的紙環名叫莫比烏斯環（Mobius loop）。

警告！
使用剪刀時請你加倍小心！

3 小心地將莫比烏斯環從中間剪成兩半，看上圖所示，你猜會發生什麼事情？

現在試試這樣做

環環相扣的雙環
製作兩個普通紙環（不要扭轉它），並像圖片顯示那樣將兩個紙環疊貼在一起。現在從中間將兩個紙環剪開。結果真的非常出人意表，試試先推進兩個紙環將會變成什麼形狀，然後才把它們剪開吧。

……變得更大了！
4 你現在將得到一個完整扭轉了兩圈的大紙環，沒想到，對吧？

背後的數學原理

當你將普通紙環剪成兩半時會發生什麼事？
普通紙環有兩條邊（在圖中邊上紅色和藍色的地方）。當你沿著紙環中央將紙環剪開，你會將兩條邊分開，形成兩片紙片。可是，若純粹將莫比烏斯環的邊連成一種顏色，你便會發現它只有一條邊，因為你一開始把精紙環剪，已經令其中一條邊的終點與另一條邊的起點連接在一起了。

8

9

每個魔術背後的原理都有詳細說明。

6

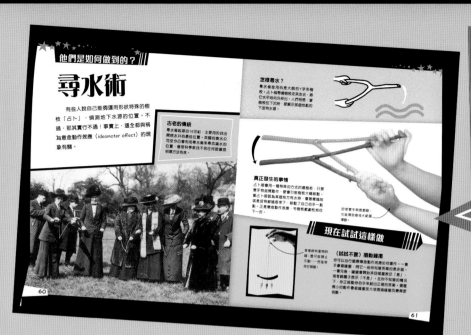

尋水術

有些人說自己能夠運用形狀特殊的樹枝「占卜」，偵測地下水源的位置。不過，那其實行不通！事實上，這全都與稱為意念動作效應（ideomotor effect）的現象有關。

古老的傳統

尋水術可追溯自16世紀，主要用於找出挖掘水井的最佳位置。兩個的尋水公司會利用尋水術來尋找澆水的位置，需要科學家找不同任何這種證據來證明水法有效。

怎樣尋水？

尋水術使用的是大的Y字形樹枝。占卜師會握住樹枝並走去，將它水平的握住，人們相信，當板枝往下的時候，就像是顯示那裡有地下的水源。

真正發生的事情

占卜師會用一種特殊的方式抓著樹枝。只要雙手有會搖動作，樹枝也就搖大幅搖動，當占卜師因為想像水源，會潛意識地試著有解鎖證樹下，移動了自己的一肌動，正是魔這動作效應，令樹枝震動起來往下突。

現在試試這樣做

（試試不要）擺動鐘擺

你可以自行觀察意念動作效應如何運作，當一隻手穩穩握住，另一隻你知道答案的問題時。一會兒你會用手拿著細線來回擺慢表示「是」或填答案對表示「不是」。在你不知道的情況下，你正移動你的手來做出正的答案。這樣微小的動作會經由鐘擺反大放過鐘擺完整動尋找鐘擺。

科學奇跡

看似神奇的並非只有魔術——世界充滿了不可思議的自然奇跡。最令人疑惑的謎團，本書將為你一一說明。

海洋謎團

如果你在日本的海岸潛水，可能會在海床上看見這些漂亮裝飾的團案。不過它們是什麼呢？水底麥田怪圈？美人魚的藝術品？外星人的信息？感謝科學家，我們如今找到答案了⋯⋯

河純的圖案

最像白美河純（white-spotted pufferfish）會在沙子之間游游，形成遺種圓形圖案，事起祖的沙穴，當大約需⋯⋯沙才完成，不過為然沙為溝像，當穴越美不動畫沙。當穴裡像是不動畫沙，加為什麼能把白英刃剝露纖維顯微花了就為了吉引例的——如果懸粒白英刃數難的的圖案，便會在中央處沙，讓能允壯子突鮮。

沙子結構

這些原為的海底沙灘大約2米寬，中央的羅紋是由純知知細的沙子構成。它們魚和到1995年被發現，但科學家直花了16年研究，才證說這是一種雄性魚類的巢穴。

他們是如何做到的？

歷史上一些最膾炙人口的魔術表演其實也運用了非常厲害的科學理論。在這本書中找出魔術大師是如何做到的吧。

安全第一！

如果你看見活動說明出現這個警告符號，代表你需要成人來協助或從旁指導。記得留意書中這些符號啊！

在這些情況下要特別小心：

⚠ 使用鋒利的工具，例如剪刀或刀子。
⚠ 使用熱水或沸騰的水。
⚠ 在戶外做任何事情時，必須不時留意周圍的環境。
⚠ 搬動任何沉重的東西。
⚠ 搬動任何濕滑的東西。

莫比烏斯的魔法

　　當你將一張紙從中間剪開，會得到多少張紙？兩張？不一定！當你從中央剪開這片扭曲了的奇怪紙片時，請你的朋友猜測一下會發生什麼事情吧。

你需要

* 紙張
* 剪刀
* 漿糊或膠紙

1 剪出一條紙帶，將它扭轉半圈。

2 將紙帶兩端用漿糊或膠紙貼起來。你剛製作出的紙環，名叫莫比烏斯環（Möbius loop）。

警告！

使用鋒利的剪刀剪開紙環時要小心。

3 小心地將莫比烏斯環從中間剪成兩半，像上圖所示。你認為會發生什麼事情？

現在試試這樣做

環環相扣的雙環

製作兩個普通紙環（不要扭轉它），並像圖片顯示那樣將兩個紙環貼在一起。現在從中間將兩個紙環剪開。結果真的非常出人意表。試試先推測這兩個紙環會變成什麼形狀，然後才把它們剪開吧！

……變得更**大**了！

4 你現在得到一個完整扭轉了兩圈的大紙環。沒想到，對吧？

莫比烏斯環

背後的 **數學** 原理

普通紙環

當你將普通紙環剪成兩半時會發生什麼事？

普通紙環有兩條邊（在圖中塗上紅色和藍色的地方）。當你沿着紙環中央將紙環剪開，你會將兩條邊分開，形成兩片紙片。不過，若試將莫比烏斯環的邊塗上顏色，你便會發現它只有一條邊！因為你一開始扭轉紙條時，已經令其中一條邊的終點與另一條邊的起點連接在一起了。

環上只有一條邊

你需要

* 橡膠手套
* 耐熱玻璃大燒杯
* 植物油
* 耐熱玻璃小管子
* 水

1 戴上橡膠手套,將植物油倒進大燒杯,大約裝滿四分之三的容量。

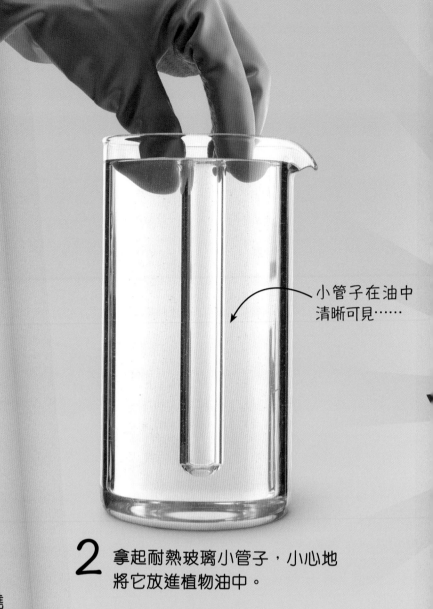

小管子在油中
清晰可見……

2 拿起耐熱玻璃小管子,小心地將它放進植物油中。

消失的 玻璃管子

你大概有見識過魔術師令硬幣或撲克牌等物件消失。這裏為你介紹一個利用光線折射的科學原理令物件消失的把戲,你可以自己試着做做看。

試試再做一次這個實驗，但今次在倒入植物油之前，先將燒杯的一半裝滿水。現在我們能看見小管子……但只看見水中的那部分！看看下面的解釋，了解背後的科學原理吧。

……現在小管子不見了！

3 接下來將小管子往下推，讓植物油流入管子裏。隨着油往上湧，你會看見小管子逐漸消失！

水會留在燒杯底部，讓你看見裏面的小管子。

背後的 科學 原理

當你將燈點亮，光線會照射到所有東西上，從物件上反彈再進入你的眼睛裏。不過玻璃是透明的，這就是說光線會穿過玻璃而不是反彈。

如果光不會從玻璃上反彈再進入你的眼睛，那麼你怎麼能夠看見玻璃呢？這是因為光線從空氣穿過玻璃時會稍微折曲。如果你透過一個玻璃杯往外望，從杯子背後穿透過來的光線都會折曲，所有事物看起來都會歪歪斜斜的（參見右圖）。當光線從油穿過玻璃時，它幾乎不會折曲——將玻璃浸在油中時，歪歪斜斜的影像都不見了，玻璃也隨之消失！不過，光線在水和玻璃之間會稍微折曲，那就是為什麼你能在水中看見玻璃。

漂浮的氣球

你需要
* 兩枝白板筆（最好是全新的）
* 餐碟
* 一瓶水

1 用白板筆在餐碟上畫上一個漂亮的、厚厚的氣球。

氣球會開始從餐碟上漂起來。

2 慢慢在餐碟上倒水，直至水蓋過氣球。

背後的科學原理

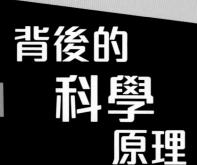

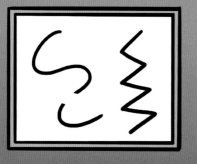

白板和白板擦

大部分筆裏的墨水都是黏乎乎的，但白板筆卻不然。

使用普通的筆時，你不會想讓你書寫的東西被擦走或變得模糊不清。在白板上使用白板筆時，你可以輕易將墨水擦去。這是因為白板筆擁有一種特殊的化學物質，能夠在書寫表面之間形成一層滑溜溜的東西。當墨水乾透後，就可以整片揭起。

試想像一下如果你能畫一幅圖畫，然後對它施展魔法，令它變成活生生的東西，那該有多好！我們會教你如何用幾樣簡單的材料做到。

3 你會看到氣球從餐碟上掉落，並在水面漂浮。如果氣球有任何部分仍然黏在餐碟上，你可以對它吹口氣，令它動起來！

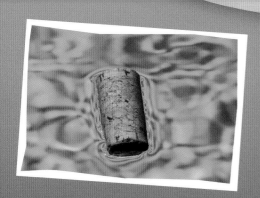

像軟木塞那樣漂浮

這個把戲要成功，墨水必須浮起來。幸好，像軟木塞一樣，白板筆的墨水密度較水為低，又或者說較水更輕盈，因此會上升到水面。

墨水不會在水裏分解，因此能維持完整的一片。

霍迪尼的 水中逃脫

「中國水牢」是一套魔術把戲，由著名魔術師哈里·霍迪尼（Harry Houdini）在1900年代初發揚光大。他能夠長時間閉氣，足以從上了鎖的水缸中逃出來。

姓名：
哈里·霍迪尼

出生日期：
1874年3月24日

職業：
脫身雜技演員

簽名：

原名埃里希·魏斯（Ehrich Weisz），在匈牙利出生，1876年移居美國，其後改以霍迪尼為表演用的藝名。他是世界上最出色的脫身雜技演員之一，最有名的是能掙脫掛鎖、鐵鏈，甚至從棺材逃脫！

驚人特技

霍迪尼整個人倒轉，被放進一個特別建造的水缸裏，雙腳被缸頂的腳鐐鎖住。觀眾可以去檢查水缸是否封好，腳鐐的鎖是否牢固。之後整個水缸都被布蓋住。接下來的三分鐘，觀眾越來越焦急，直至霍迪尼從水缸中冒出來，引發如雷掌聲。霍迪尼是開鎖專家，那可能說明了他如何能解開腳鐐。也許腳鐐設有秘密的解鎖方法。最大的疑團在於霍迪尼如何能夠在水中閉氣那麼久。

屏住呼吸——會發生什麼事？

霍迪尼這驚人魔術的關鍵，在於他能夠屏住呼吸一段相當長的時間。將空氣吸入肺部，血液能得到氧氣，而氧氣會用來產生能量。在這個過程中，氧氣會變成二氧化碳，呼出體外。當你屏住呼吸（**這可能非常危險，不要自行嘗試！**），二氧化碳會在你的身體裏累積起來，並增加血液的酸度。一起來看看霍迪尼是如何對抗身體呼吸的基本需要：

1. 藉由練習，霍迪尼能夠減慢身體運作，並減慢消耗氧氣的速度：他的心跳率會下降，而他的身體只會輸送血液到必要的器官去，例如腦部。這代表他在表演時能消耗較少的氧氣。

2. 霍迪尼透過保持健身，以及空腹表演來增加肺容量。這代表他能夠吸入更多空氣。

3. 他運用冥想來減低對呼吸的強烈渴求。這代表他能閉氣更久。

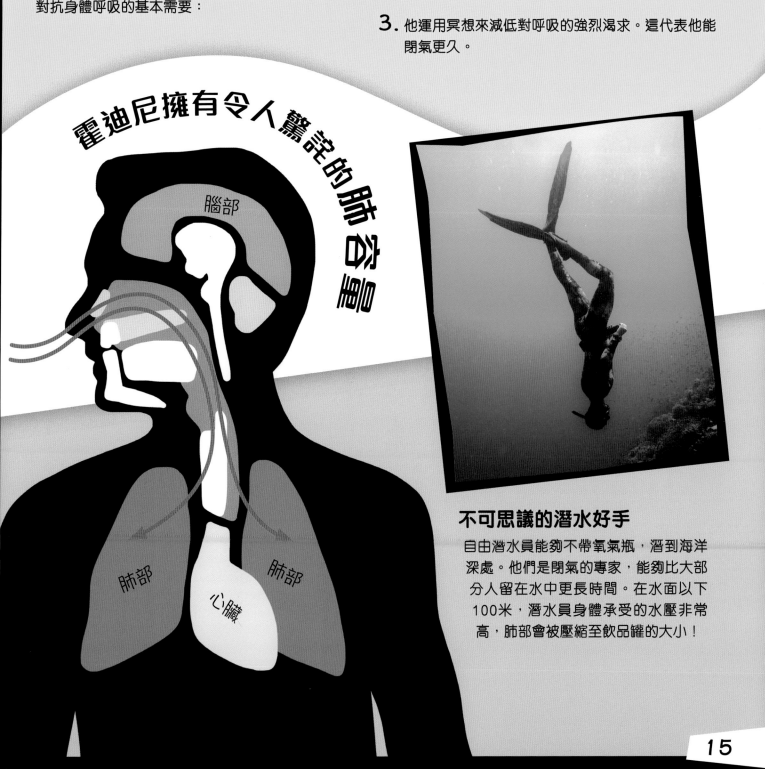

霍迪尼擁有令人驚詫的肺容量

腦部

肺部

心臟

肺部

不可思議的潛水好手

自由潛水員能夠不帶氧氣瓶，潛到海洋深處。他們是閉氣的專家，能夠比大部分人留在水中更長時間。在水面以下100米，潛水員身體承受的水壓非常高，肺部會被壓縮至飲品罐的大小！

海洋謎團

如果你在日本的海岸潛水,可能會在海牀上看見這些美麗的圖案。不過它們是什麼呢?水底麥田怪圈?美人魚的藝術品?外星人的信息?感謝科學家,我們如今找到答案了……

沙子結構

這些漂亮的海底沙雕大約2米寬,中央的區域是由特別幼細的沙子組成。它們最初於1995年被發現,但科學家再花了16年研究,才確認這是一種雄性魚類的巢穴。

河魨的圖案

雄性白斑河魨（white-spotted pufferfish）會在沙子之間游泳，形成這種脊形規則，築起牠的巢穴。巢穴大約需一個星期才完成，不過基於海流侵蝕，巢穴必須不斷重建。為什麼雄性白斑河魨要建造這個巢穴？就是為了吸引伴侶——如果雌性白斑河魨喜歡巢穴的圖案，便會在中央產卵，讓雄性令卵子受精。

磁力手指

在這個把戲中，你的朋友會以為你能夠只靠念力，移動他們的手指！

1 請朋友緊扣雙手，輕輕在手掌上施壓，將手掌推在一起。現在告訴他們，你將要令他們的手指變成磁力手指。

2 接下來，請你的朋友舉起兩根食指，並將兩根手指分開。

我正在控制你的意志！

3 這是你表演的時候了，告訴你的朋友你正使用念力控制他們的手指，使他們無法阻止手指黏在一起。在你說話時，你會看見他們的手指開始互相靠近。即使他們竭力阻止手指黏合，但也無法做到——甚至會令情況更糟！

屈曲手指時**其實使用的是你前臂**的肌肉，而**不是手部**的肌肉。

背後的科學原理

一切都是互相連結的……

你的朋友會覺得他們的手指彷彿被拉扯在一起，這與他們手部的姿勢有關。你用來舉起手指時使用的肌肉是連接着那隻手上其他所有手指的，在其他手指屈曲着的情況下，令食指舉起的肌肉很快便會疲累。如果嘗試將兩根食指分開會令那塊肌肉更疲累，疲累了的肌肉無法支撐伸直了的食指，因此食指便會向彼此靠得越來越近。

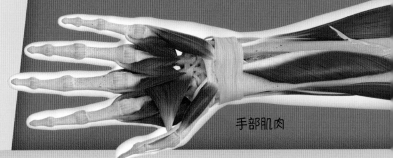

手部肌肉

現在試試這樣做

屈曲你的中指，並將手放在桌子上，掌心朝下。你可以抬起你的拇指、食指和尾指，但你會發無法抬起自己的無名指。

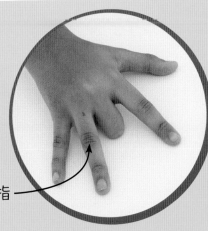

無名指

發生了什麼事？

連接着肌肉和骨頭的組織稱為肌腱。每隻手指都擁有獨立的肌腱，但中指和無名指卻共用同一塊肌腱，所以當你屈曲中指，無名指就會覺得被卡住了。

折曲的扇葉

當你透過智能手機的鏡頭觀察旋轉中的風扇扇葉時，它們看起來真的好奇怪呀……

你需要

* 手提式風扇
* 智能手機

1

在陽光普照的晴天走到戶外去，啟動手提式風扇。透過智能手機的鏡頭望向風扇……奇怪的事情將會發生！

風扇的扇葉似乎扭曲屈折了。

這被稱為**捲簾效應**（rolling shutter effect，俗稱**果凍效應**）。

背後的科學原理

數碼相機（例如智能手機的內置相機等）裏裝有感光元件，負責捕捉影像。

感光元件是一種電子儀器，由數百萬個稱為像素的細小感應器組成。不過，當你拍攝照片時，這些像素並不是同時運作以建立影像的。相反，感光元件會從頂部的像素開始快速運作至底部。這就是說數碼照片底部捕捉到的瞬間會比頂部略遲一點。因此如果拍攝對象在快速移動，例如風扇扇葉或者滑板運動員，照片看起來便會扭曲了。

實時情況　　數碼影像

紅線顯示了感光元件如何從頂部至底部建立影像。

在最終的照片中，滑板運動員的底部較頂部移動得更遠。

現在試試這樣做

陀螺

其他會快速轉動的東西也能做到相同效果。試試用智能手機觀察手指陀螺。

手指陀螺

有時候陀螺的旋臂會看似正在收縮……

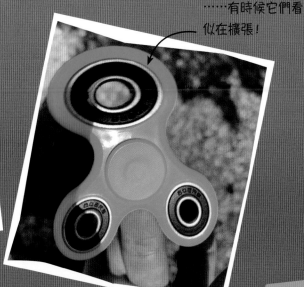

……有時候它們看似在擴張！

你需要

* 杯子
* 空飲品罐

要確保飲品罐裏沒有任何東西。

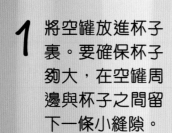

1 將空罐放進杯子裏。要確保杯子夠大，在空罐周邊與杯子之間留下一條小縫隙。

2 用力向空罐與杯子之間的縫隙裏吹氣——空罐會馬上彈起！從杯子側面輕輕吹氣，可避免被空罐擊中。

彈跳的飲品罐

試試邀請一位朋友接受挑戰，請他將空飲品罐從杯子裏拿出來，但不可以觸碰飲品罐，或是將杯子倒轉過來。他們會發現這個挑戰相當棘手！那麼挑戰成功的秘訣是什麼？就是氣壓的科學。

背後的
科學
原理

當你向空罐和杯子之間的縫隙裏吹氣，空氣的力量會將縫隙裏原本的空氣擠壓出來。

這樣擠壓空氣時，空氣會向四方八面推擠回去。換句話說，你會令氣壓增加。這些高壓的空氣接着會推向空罐的底部，造成空罐上升，飛到杯子外面。

空罐上升，飛出杯子。

空氣吹進杯子的邊緣。

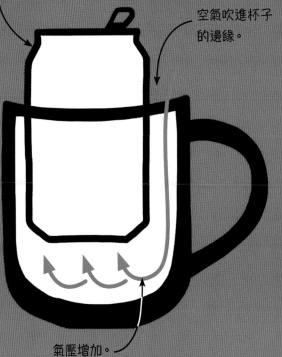

氣壓增加。

23

你需要

* 瓶子
* 鈔票
* 3個大小相同的硬幣——它們要比瓶子頂部的洞口大。

鈔票的其中一邊要比另一邊伸出多一點。

1

如圖片所示，將鈔票和硬幣放好。請朋友試試挑戰拿走鈔票，但不可以讓硬幣掉下來。他們只可以碰觸鈔票，但不可以碰觸硬幣。

2

他們將無法達成目標⋯⋯硬幣會掉到各處！現在是你出場的時候了。首先，悄悄沾濕食指。

水會令你的手指變得黏答答的！

抓錢神手

這個鈔票挑戰是個讓你戰勝朋友的好機會。你只需要一根敏捷的手指，還有一點點關於物件移動的科學知識。

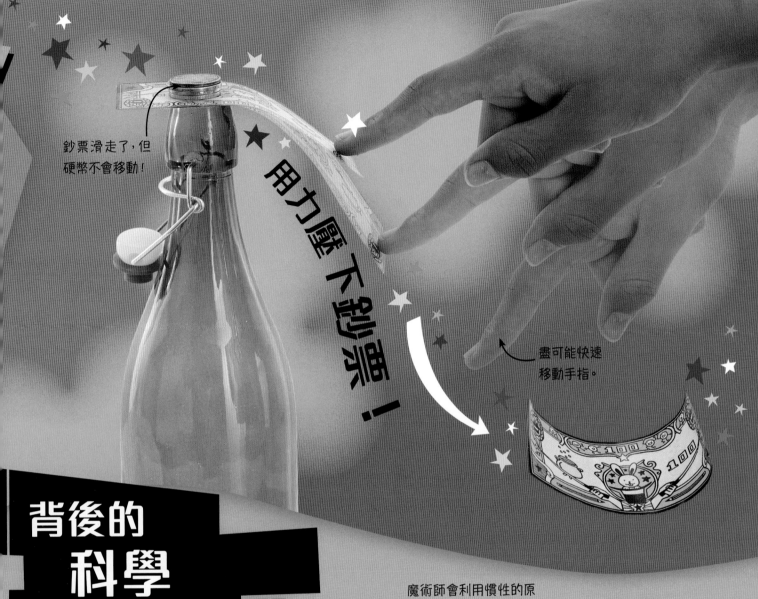

3 將手指放在鈔票末端，迅速用力往下滑。它會隨着你的手指急速滑出來，留下硬幣在瓶子上！

鈔票滑走了，但硬幣不會移動！

用力壓下鈔票！

盡可能快速移動手指。

背後的 科學 原理

魔術師會利用慣性的原理，將桌布從碟子和碗下面拉出來！

靜止的物件，例如這個魔術中的硬幣，會保持靜止，除非它們被推動或拉扯。

這個現象稱為慣性（inertia）。硬幣會被鈔票稍微拉動，但由於鈔票移動得太迅速，硬幣被拉扯的時間並不足夠令它們從瓶子上掉下來。

讀心術

特異功能者和算命師從事讀心的工作已有數百年歷史。他們運用不同的道具，例如稱為塔羅牌的圖案卡，或者星座等，聲稱能預知未來！這裏為你介紹他們的一些技巧⋯⋯

心靈詐騙術

算命師會利用不同的方式，來令你認為他們擁有特殊能力。他們也許會細看你的手掌，盯着水晶球，或是用塔羅牌講出一些關於你的事情。儘管人們希望相信他們被告知的事情都是真的，但算命師真正的技巧在於能夠說些非常空泛的話，並充分利用「讀心」對象的任何反應。

塔羅牌

針對個人的發言

如果算命師事先不知道讀心對象的任何事情，那稱為「冷讀」。他們在這種情況下使用的技巧，就是說出一些幾乎適用於所有人，但感覺上非常私人的事情。例如「你喜歡和朋友在一起，但有時候喜歡自己獨處」，或是「你不喜歡其他人告訴你要怎樣想」。星座運程也是運用了這種技巧呢。

星座共有12個，是根據你的出生日期來決定的。

確認偏誤

算命師會在讀心時說出許多關於你的陳述。部分陳述是完全錯誤的！不過基於認知偏誤，你只會記得他們說對了的事情！

北極光

這幅懾人的北極光照片是在挪威北部的羅弗敦羣島（Lofoten Islands）拍攝的。在這裏看見極光的機會視乎太陽風的強度。當太陽風真的很強烈，你可能會看見其他顏色，例如鮮紅和橙色。

宇宙極光

要是前往接近北極和南極附近的國家，你也許會在天空中看見震撼人心的光影表演。不論是北極出現的北極光，還是在南極出現的南極光，看起來都像巨大、彎彎曲曲的彩色窗簾。當來自太陽的粒子進入地球的大氣層時，就會產生極光。

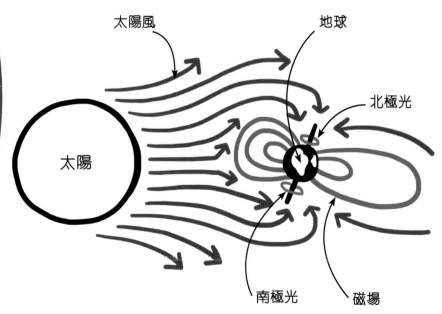

太陽風　　　地球

太陽

北極光

南極光　　　磁場

由太陽產生

除了光線，太陽也會散發出許多微細的粒子，稱為電子，這些電子會隨着超級快速的太陽風被帶到地球去。由於地球就像一塊巨大的磁石，電子會被磁場拉到兩極。當這些電子在地球的大氣層裏與細小的氧氣粒子碰撞時，氧氣粒子便會在空中發出綠光。

29

你需要
* 電視機
* 電視遙控器
* 小型手提式鏡子
* 智能手機（如有）

它開啟了！它開啟了！

1 將電視遙控器指向錯誤的方向，嘗試開啟電視機。你不可能做到。

看不見的光線

要是你不了解電視遙控器如何運作，它可能看似一根魔術棒。這個有趣的挑戰與一種稱為紅外線的隱形光線有關。

2 將一塊小鏡子放在遙控器前。你需要調整鏡子的角度，讓遙控器發出的隱形光線反射向電視機。這可能需要一點練習！當你調校的角度正確，電視便會開啟。現在邀請朋友接受挑戰，請朋友依照步驟1的指示開啟電視，但不要告訴他們鏡子的秘密。如果他們做不到，你便示範如何能做到吧！

光線透過鏡子反射！

當你按下遙控器的按鈕時，遙控器的末端不會亮起來。不過如果你一邊按按鈕，一邊透過智能手機的相機觀察遙控器，便會在智能手機的屏幕上看見有一盞小燈在閃動。人雖然無法看見紅外線（詳見下文），但智能手機的相機卻能捕捉到紅外線。

背後的 科學 原理

光譜

人類的眼睛無法看見紅外線。

紅外線能用於偵測熱力。有些蛇擁有感知紅外線的器官，方便牠們尋找獵物。

光線是由光譜中的不同顏色所組成的……

我們只能看見光譜的其中一部分，那就是藍色和紅色之間的光。在紅色的光以外的就是紅外線。遙控器會向電視機連續發出紅外線，而紅外線發出的規律能向電視機發出不同指令。

人類看見的影像

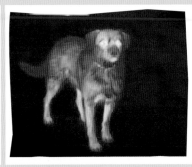

蛇看見的影像

你需要
* 一個朋友
* 一塊水晶或一塊外觀漂亮的石頭

你的朋友不會發現你將他們的身體向外拉,只會以為你在往下壓。

1

請你的朋友單腳站立,並展開雙臂。在他們的其中一條手臂上往下壓,並請他們嘗試阻止你推動他們的手臂。悄悄地稍微將他們的身體向外拉——這樣會令他們失去平衡跌倒。

魔法水晶的力量

有些騙子會暗中利用科學來嘗試騙取你的錢財。他們會說自己擁有一些水晶,能給你超強的平衡力或者健康的身體。不過這些水晶其實毫無效果!這是他們騙取他人信任的其中一個方法。

這次你要稍微推向你朋友的身體，但他們同樣地會以為你正在往下壓。

2

重複測試，這次讓你的朋友握住你預備的水晶。告訴他們水晶會給他們更多力量與平衡力。現在把他們的手臂往下壓，並稍微推向他們的身體──不論你推得多用力，他們都能夠抵受得住！

背後的科學原理

這一切都與那塊水晶完全無關，卻與平衡關係重大。

在第一個步驟的測試中，你稍微將他們往外拉。這樣會迫使他們失去平衡。在第二個步驟的測試中，你將他們往內推，因此他們的平衡不受影響。

除了使用虛假的平衡測試外，騙子也會藉着稱為安慰劑效應（placebo effect）的現象來獲得好處。他們會給病人偽冒的「治療水晶」或是沒有效用的藥丸，不過病人無論如何都會開始感覺舒服一些。那只是因為相信治療有效，會令人感覺病情好轉──這就是安慰

1 非常小心地將半個紫椰菜切成小塊。

變色魔藥

如果你認為椰菜無味又沒趣，這魔術會令你刮目相看。在這個魔術中，你將會製作出一種非比尋常的椰菜變色藥水。

2

請成人將沸水倒在一個水壺裏。小心地加入切碎的紫椰菜。讓它冷卻10分鐘。

3 將浸泡過紫椰菜的水用篩子過濾，倒入另一個水壺中。在壺中加入一些冷水，直至液體看起來是紫色的，但仍能看透。

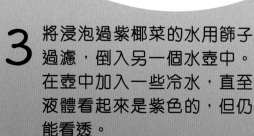

你需要

* 半個紫椰菜
* 刀子
* 砧板
* 沸騰的水
* 2個水壺
* 篩子
* 3個玻璃杯
* 茶匙
* 白醋
* 蘇打粉

4 是時候讓觀眾目瞪口呆了。在朋友面前，將你的魔法藥水倒進3個玻璃杯裏。施展華麗的魔法動作後，在其中一個玻璃杯裏加入白醋，一滴接一滴。藥水變色了！現在將一茶匙蘇打粉加入另一個玻璃杯裏。看看你的朋友看見藥水變成不同顏色時那吃驚的模樣吧。

背後的科學原理

這個魔術成功是因為液體裏的酸度不同。

酸度是以pH標度來量度的。強酸的pH值大約是1，而強鹼——酸的相反——pH值大約是14。椰菜汁裏含有花青素（anthocyanin），如果遇上酸或鹼性物質時會變色。例如醋等酸性物質會令椰菜汁變成粉紅色，而蘇打粉等鹼性物質會令椰菜汁變成藍色或綠色。

朱古力

pH標度

牙膏

0 1 2 3 4 5 6 7 8 9 10 11 12 13 14

檸檬

花生

水

肥皂水

1 閉上右眼。將這張有圓點和交叉的圖片放在距離你的臉孔大約30厘米的地方。望向交叉。你也會在視野範圍的角落看見圓點。

2 慢慢將書頁向臉孔移近。圓點會突然消失無蹤。

圓點不見了

經的末端沒有空間放置感光體，光線落在這一點時便看不見了。我們聰明的腦部會根據這一點附近的東西來填滿空隙，在我們的魔術實驗中，填上的便是白色和綠色的背景。

這全都與你的盲點有關，盲點是眼睛裏的一點，那裏名副其實無法看見。

當光線進入你的眼睛時，它會射向後方一層薄薄的組織，稱為視網膜。視網膜裏有一些特殊的細胞，稱為感光體，能夠將光轉化成電子信號。這些信號會傳送到你的腦部，經過處理變成影像。電子信號會沿着微細、仿如電線的神經移動，這些神經會聚集成一束，稱為視神經。由於這束神

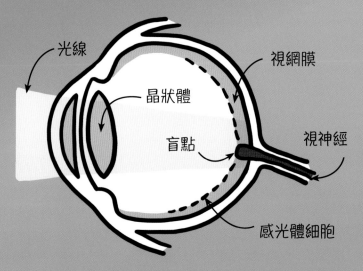

光線
視網膜
晶狀體
盲點
視神經
感光體細胞

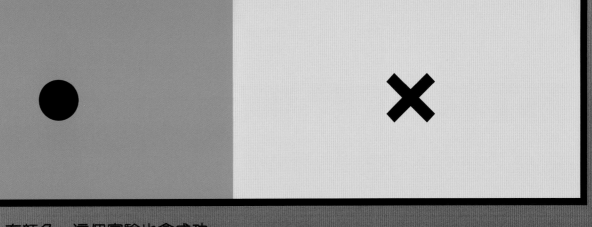

3 　即使圖片有顏色，這個實驗也會成功。
　　用這幅有顏色的圖片做相同的動作。這
　　次當你抵達盲點時，黑色的圓點會看似
　　變成綠色。

圓點到哪裏去了？

魔術把戲往往都是欺騙感官的把戲。在這
個實驗中，你將會了解如何運用視覺的科學來
欺騙自己的眼睛。

現在試試這樣做

當你的眼睛在書頁上到處移動時，
也許會發現在這個角落裏有某些東
西在移動⋯⋯

這是一種動態錯覺——一些靜止不動的東西看
似正在移動。這些彎曲的線條只會在你的眼
睛移動時才會仿似在移動。沒有人確切明白為
什麼會發生這種現象，不過那與我們的腦部如
何處理色彩與光暗組合的方式有關。當你閱讀
這段文字時，右邊的圖畫是不是看似正在旋轉
呢！

鬼影幢幢

鬼魂不是真實的。不過一些魔術師會在表演中添加一些可怕的幻影，以營造詭異恐怖的氣氛。這是他們炮製幻影的方法……

嚇驚羣眾

在19世紀末的英國倫敦，人們會付錢觀看一些好像有鬼魂在舞台上出現的表演。時至今日，你可以在世界各地的主題公園裏看見相同的幻影，例如在鬼魂列車等機動遊戲等。

看到鬼魂，令人尖叫連連！

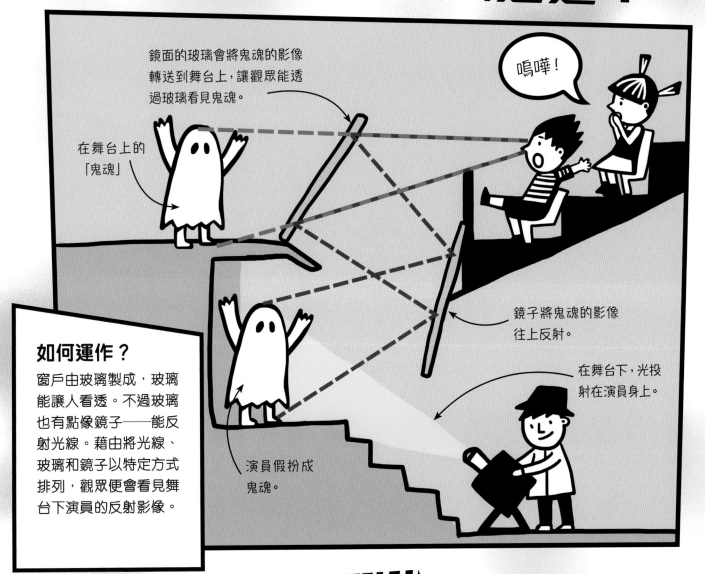

鏡面的玻璃會將鬼魂的影像轉送到舞台上，讓觀眾能透過玻璃看見鬼魂。

嗚嘩！

在舞台上的「鬼魂」

鏡子將鬼魂的影像往上反射。

在舞台下，光投射在演員身上。

演員假扮成鬼魂。

如何運作？

窗戶由玻璃製成，玻璃能讓人看透。不過玻璃也有點像鏡子——能反射光線。藉由將光線、玻璃和鏡子以特定方式排列，觀眾便會看見舞台下演員的反射影像。

現在試試這樣做

看看自己的「鬼影」

當你在白天望出窗外，能夠看見外面的景物，不過在晚上你只會看見自己的反射影像。你在白天不會看見自己的反射影像，因為影像比外面的光微弱得多。不過在白天與黑夜之間的特定時段——大約在黃昏時——你便會看見你的反射影像，與戶外的景像混在一起。你會看似一隻鬼魂呢！

岩石之謎

這些神秘的岩石在沙漠之中移動，留下長長的軌跡。它們是如何做到的呢？這些被稱為「迷蹤石」（sailing stones）的岩石多年來令科學家大惑不解，直至真相終於被揭開⋯⋯

死亡谷裏的石頭

「迷蹤石」通常出沒在沙漠中那些地面非常光滑平坦的地方，例如美國加州的死亡谷。困惑的科學家在岩石上安裝儀器追蹤它們的位置，逐漸解開這個謎團。他們也裝設了縮時攝影機來拍下岩石如何在沙地上移動。

破解謎題

科學家發現，淺水池有時會在沙漠的地面上形成，並在晚上結冰。隨着冰層在太陽下開始融化，它會破裂成大塊的冰，浮在水面。當風吹過時，冰塊——還有困在裏面的岩石——便會在濕滑的泥土上移動。

風

冰塊
水
泥土

岩石

1

拿最少10根金屬絲，將其中一端以單結綁在一起。在距離第一個結大約10厘米處再綁上另一個結，並用剪刀剪去末端多餘的金屬絲。

這些金屬絲非常幼細，因此綁結時要非常專注。

2

用微纖維布上下摩擦PVC水管大約30秒。用力摩擦，直至你聽見水管開始發出噼噼啪啪的聲音。

你需要

* 數縷幼細的 Mylar® 銀絲（稱為冰柱金屬絲或天使頭髮金屬絲）
* 剪刀
* PVC水管
* 微纖維布

懸浮的金屬絲

懸浮在半空的銀球也許聽起來像是科幻小說的情節，不過這個魔術所依據的只是純粹的科學事實。

背後的科學原理

水管和金屬絲上一些稱為電子的微細粒子會互相排斥，推開彼此。

在魔術開始時，微纖維布上的電子會在你摩擦水管時傳遞到水管上。當金屬絲觸碰到水管時，部分電子會跳到金屬絲上。因為電子會互相排斥，金屬絲會將水管推開，同時每根金屬絲上的電子也會互相排斥，令綁在一起的金屬絲變成球狀。

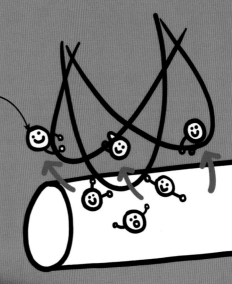

電子從水管跳到金屬絲上。

握緊包住水管的微纖維布。

3

將金屬絲放在水管上，在金屬絲碰到水管前放開它。這可能需要嘗試數次，但最終金屬絲會炸開變成一個球，並懸浮在水管上方。繼續在金屬絲球下方移動水管，可以令金屬絲停留在空中。

你需要
* 餐碟
* 一壺水
* 黑椒研磨器
* 洗潔精
* 你的手指！

1 在餐碟上倒一些水，直至水位接近碟子的邊緣。

2 將黑胡椒磨碎，灑在水面上，令它們分布平均。

排斥胡椒的手指

如果你一直希望指尖能施展魔法力量，這個魔術便非常適合你。了解水延展的秘密，可以讓你隨意推走胡椒……

背後的科學原理

水擁有一種特性，稱為表面張力，會令水的頂部像氣球般延展。

洗潔精會降低水的表面張力，因此將有肥皂的手指放進水裏時，就像用針刺破氣球一樣——延展的水面會帶着上方的胡椒碎一起往後退。

刺破氣球

4 悄悄將一點洗潔精塗在指尖上。將手指放進水裏，看看胡椒碎如何迅即散開！

3 請你的朋友將他們的手指放進水裏。任何事情都不會發生……因為他們沒有你的魔法力量。

看，那些胡椒跑開了！

1 拿出一盒撲克牌，並將最底的一張牌翻轉。現在無論撲克牌疊哪一面向上，看起來都像所有牌都朝下。

2 將所有撲克牌攤開來，請朋友挑選一張。請他們看看牌面，但不要讓你看見。

確保他們不會看見牌疊最底的那張牌。

轉移視線的威力

為了騙倒觀眾，魔術師常常會運用轉移視線的技巧。這個撲克牌魔術會向你展示如何應用這種威力強大的方法。

5 你需要在朋友沒留意的時候將牌疊再次翻轉回到原本的方向。要做到這個步驟，你可以請他們想出一句魔法咒語……然後確保你在翻轉牌疊時和他們保持眼神接觸。

嗯……媽哩媽哩空！

3 說出你朋友的名字，請他們集中精神記着抽到的那張牌。這會令他們看着你，而他們的注意力會離開那疊撲克牌。現在你可以趁他們沒留意時將牌疊上下翻轉。

把牌翻轉時不要往下看。

4 請朋友將他們的牌放回牌疊的任何位置。

小心別讓他們留意到最頂那張牌以下的牌都朝向錯誤的方向。

背後的科學原理

簡單而言，人類並不太擅長在同一時間做兩件事情。

在這個魔術裏，藉由請朋友記住撲克牌，或是去想出一個魔術咒語，你便能轉移他們的注意力遠離你正在做的事情——翻轉牌疊。

6 再次攤開牌疊。看，其中一張牌的卡面朝上了。你的朋友會發現那是他們抽到的牌而嘖嘖稱奇。

詭異的飲品罐

這個令人印象深刻的平衡魔術中，你需要的就只有一罐飲品和一些水。運用這些簡單的道具，你會看似打破了重力的法則，也就是將我們拉向地面的力量……

你需要

* 一罐飲品
* 量杯
* 水

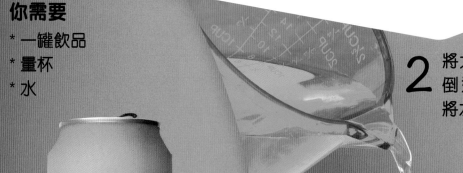

2 將大約150毫升的水倒進量杯裏，然後將水倒進罐子中。

1 喝掉飲品罐裏的所有飲料——罐子需要完全清空。

罐子不會倒下！

3 試試用罐子底部的邊緣讓罐子保持平衡站着。如果它倒下，就將罐子裏一部分水倒出。如果它返回直立的位置，就在罐子裏多加一些水。

4 當罐子保持平衡後，輕輕拍一拍罐子頂部的邊緣。罐子會到處旋轉，但不會倒下，魔術更令人驚歎。

背後的 科學 原理

這個魔術之所以成功，有賴於質心的位置。

質心是物件總重量的中心點，是物件能完美平衡的地方。透過改變罐子裏水的分量，你便能移動罐子的質心，直至它來到罐子能夠保持平衡的精確位置。

當罐子是滿的，並傾斜地站在邊緣上，質心大約在罐子的中間，而不是在邊緣上方，因此罐子會向前倒下。

當你倒掉罐子裏部分的水，質心便會轉移，因為罐子裏的重量移動了。如果你將質心轉移到罐子邊緣的正上方，罐子便能保持平衡。

質心

取之不竭的瓶子

在這個經典的魔術中，魔術師會倒出一杯橙汁，然後他從同一個瓶子裏倒出一杯牛奶……接着是一杯水……還有一杯酒！這是如何做到？那關乎一個非常特殊的瓶子。

歷史悠久的魔術

這個魔術可追溯至17世紀，並擁有數個不同的名字，例如「撒但的酒保」、「想喝就喝」，還有「飲品隨意點」。時至今天，你仍能在魔術道具店購買這些獨特的瓶子。

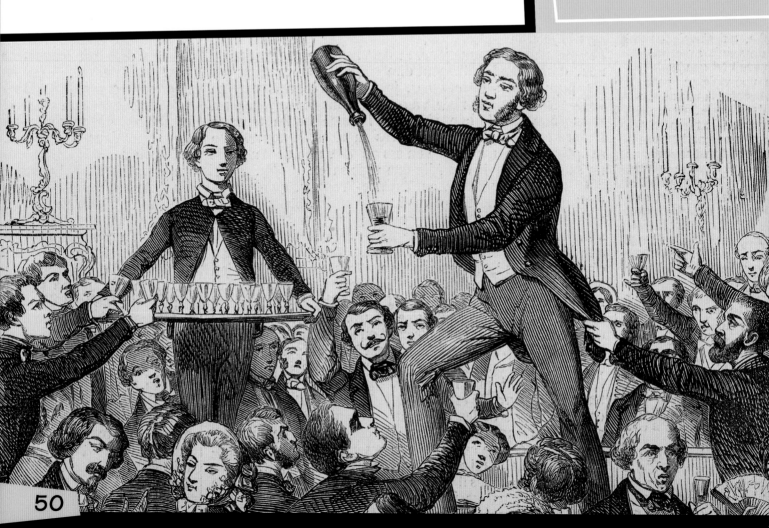

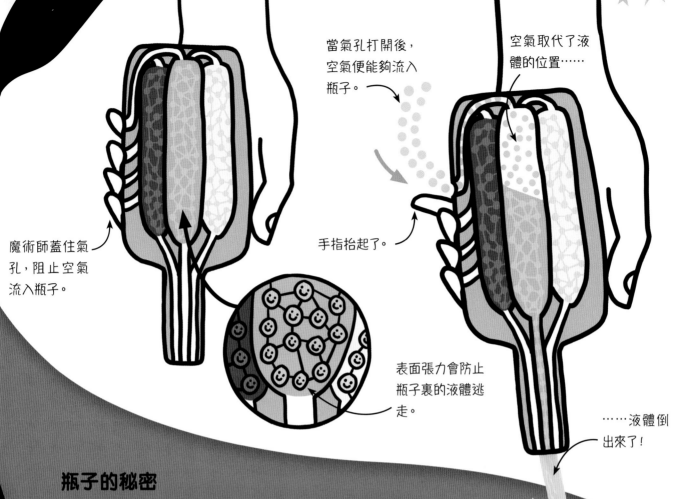

當氣孔打開後，空氣便能夠流入瓶子。

空氣取代了液體的位置……

魔術師蓋住氣孔，阻止空氣流入瓶子。

手指抬起了。

表面張力會防止瓶子裏的液體逃走。

……液體倒出來了！

瓶子的秘密

這個魔術成功是因為瓶子側面的秘密手指氣孔。瓶子裏有各自分隔的容器，附有非常幼細的管道通往瓶頸。要將液體從容器裏倒出來，空氣必須能夠流進容器裏，取代液體的位置。空氣無法流進管子裏是因為液體的微小粒子會互相黏在一起，也會黏着容器的內壁。這現象稱為表面張力，會形成一道屏障，阻止空氣透過管子流入容器裏。每個容器都有一根獨立的管子連接瓶子外側的氣孔。空氣能透過氣孔流入容器裏，因此液體便能夠倒出來。魔術師可以藉由選擇打開哪個氣孔，決定倒出哪一種液體。

牛奶　　　　　　　紅莓汁　　　　　　　橙汁

改變色彩

大自然裏最接近魔法的事物是什麼？是能夠變色的動物。這些神奇的生物會模仿牠們四周的色彩作為保護色或偽裝，以助牠們躲避捕食者，或是悄悄迫近獵物。

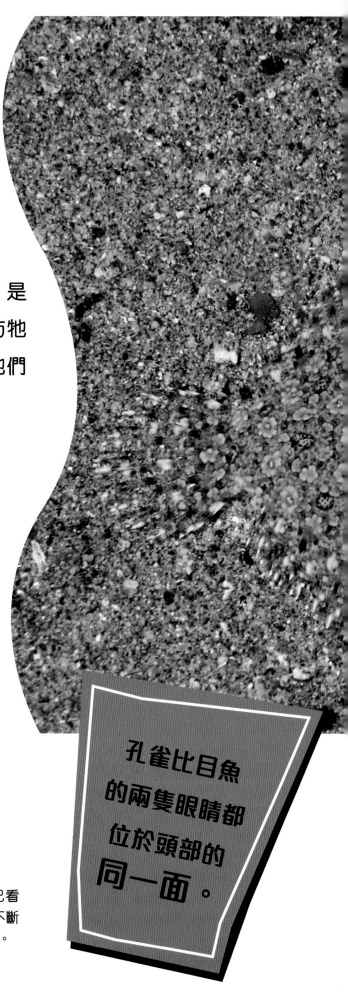

這是一塊樹葉嗎？

這隻令人印象深刻的變色龍來自馬達加斯加，最擅長令自己看似……一片枯葉！牠能夠改變自己的顏色來配合森林地面不斷變化的色調，並偽裝自己，避開任何可能想吃掉牠的獵食者。

孔雀比目魚的兩隻眼睛都位於頭部的同一面。

完美隱身

你能找出這隻躲在沙地中的生物是什麼形狀嗎？牠是一種名叫孔雀比目魚（peacock flounder）的魚類，生活在海牀上，會改變顏色來配合身體下的事物。牠不僅是複製色彩的專家，也很擅長複製圖案！

細胞的威力

會變色的動物在皮膚裏擁有一些特殊細胞，稱為色素細胞。當這些微小的圓點活躍時，會向外擴展，改變動物（例如墨魚）的顏色和圖案。

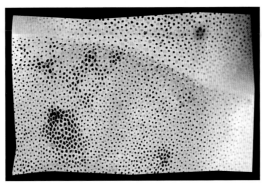

墨魚的色素細胞（正常狀態）

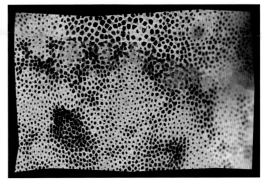

墨魚的色素細胞（活躍狀態）

隱藏的圖畫

這兩頁的所有圖片都不是它看起來的那樣子。在以下這幅神秘的圖片裏，你會找到一幅隱藏的圖像。要找出這幅圖像是什麼，便要教懂你的腦袋**看透**書頁。

1 將這幅圖畫拿起放在你面前。放鬆雙眼，好像能看穿書頁背後的東西。這兩個圓點也許會有點幫助……

望着這些圓點。將書頁移近你的臉。你會開始看見重複的影像。當兩顆圓點重疊時，讓它們「鎖定在一起」。現在將書頁拿開一點，並看看以下的圖畫。

你也可以用圓點的技巧來觀看這幅圖像。

玻璃法

你可以用這幅圖像試試另一種技巧。將圖像放在一片平坦的玻璃後面。看着你在玻璃上的倒影,然後嘗試在不移動眼睛下聚焦回圖像上。一切秘密都會揭曉!

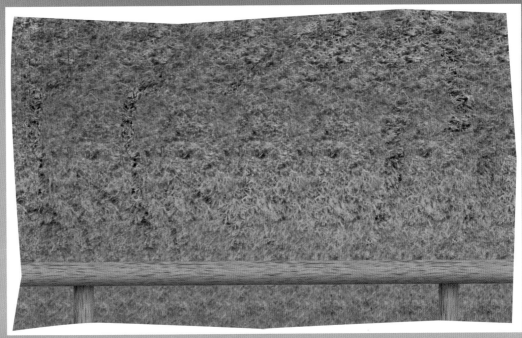

翻到第96頁,找出這些圖畫中隱藏了什麼圖案吧。

背後的 科學 原理

這一切都跟你的腦部如何計算距離有關。

當你近距離望向某些東西時,眼睛視線交錯的程度會較你望向遠處的物體時更大。腦部會利用視線交錯的程度來判斷距離遠近,不過這些圖畫利用了一種特殊的圖案來玩把戲。當你**看透**這些圖像時,眼睛視線交錯程度會減少,而你就會看見雙重影像。圖案接着會與自己重疊,一切再次看似正常,只是距離遠了一點。圖畫的一些部分經過略微調整,讓你的眼睛視線或多或少發生交錯。就在這些地方,「隱藏」的圖像便顯現出來了。

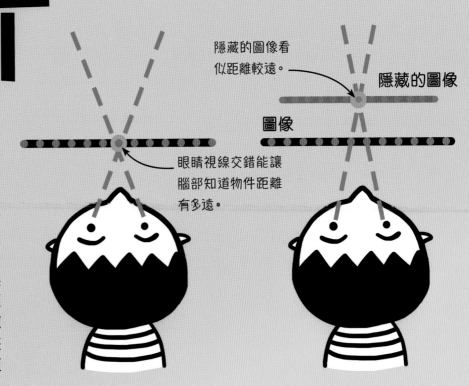

隱藏的圖像看似距離較遠。

隱藏的圖像

圖像

眼睛視線交錯能讓腦部知道物件距離有多遠。

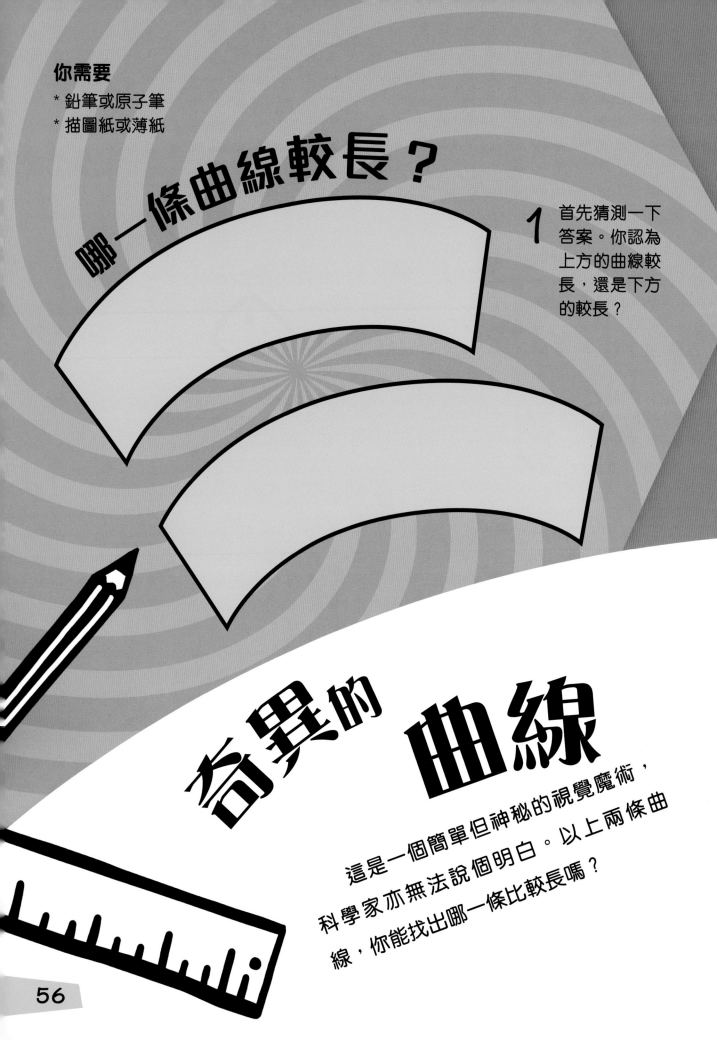

你需要
* 鉛筆或原子筆
* 描圖紙或薄紙

哪一條曲線較長？

1 首先猜測一下答案。你認為上方的曲線較長，還是下方的較長？

奇異的 曲線

這是一個簡單但神秘的視覺魔術，科學家亦無法說個明白。以上兩條曲線，你能找出哪一條比較長嗎？

2 用描圖紙沿着上方曲線邊緣畫線。

3 將你繪畫的曲線與下方的曲線重疊。哪一段曲線較長？多奇怪呀——儘管下方的曲線看起來較長，但你剛發現它們的長度是相同的！

背後的 科學 原理

這種視覺把戲稱為「賈斯特羅錯覺」（Jastrow illusion）。

科學家並不確實明白為什麼下方的曲線看起來較長。他們認為也許是腦部將上方圖形內側較短的曲線與下方圖形外側較長的曲線互相比較，這兩條曲線鄰近彼此。你會在這兩幅比薩斜塔的圖片中看見類似的錯覺。哪一座塔傾斜得較厲害？看起來右面的塔較斜……但這兩幅圖片是一模一樣的！

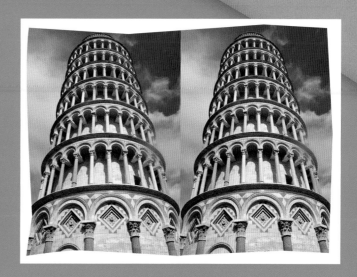

永不漏水的袋子

你大概曾看過一種著名的魔術，當中魔術師的助手被長劍插中，但不會受到傷害。這是一個類似的驚人魔術，運用的是一個膠袋和一些鉛筆。

你需要

* 密實袋
* 水
* 尖銳的鉛筆

1 把水注入密實袋，至三分之二滿，然後將袋封好。

2 一隻手握穩密實袋，另一隻手將一枝尖銳的鉛筆插入袋中，再從袋的另一側穿出。如果有需要，你可以請助手幫你固定密實袋——不過小心不要插傷他們！

鉛筆會穿過密實袋……但不會有水漏出來！

3

繼續插入更多鉛筆。密實袋仍然不會漏水！

密實袋不會漏水，因為塑膠是有彈性的。我們來比較一下鉛筆穿過紙張和膠袋時的情況吧……

紙張

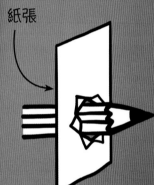

當鉛筆插穿紙張時，紙張會裂開，並在鉛筆周圍產生許多縫隙。水會從這些縫隙中漏出來。

膠袋

膠袋不會裂開，相反它會伸展及移動，讓出空間給鉛筆通過。這樣會形成一個緊密的封口，讓水無法漏出來。

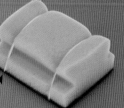

當你拉開一條橡筋時，它會緊緊壓住下方的東西。這就是膠袋包着鉛筆時的情況。

膠袋具有彈性，就像橡筋一樣——當它包着某些東西時，就會擠壓那東西。

尋水術

有些人說自己能夠運用形狀特殊的樹枝「占卜」，偵測地下水源的位置。不過，那其實行不通！事實上，這全都與稱為意念動作效應（ideomoter effect）的現象有關。

古老的傳統

尋水術起源自16世紀，主要用於找出開挖水井的最佳位置。英國的食水公司至今仍會利用尋水術來尋找漏水的位置，儘管科學家找不到任何證據證明這方法有效。

怎樣尋水？

尋水術使用的是大樹的Y字形樹枝。占卜師帶着樹枝走來走去，將它水平地向外伸出。人們相信，當樹枝往下沉時，便顯示那個地點的下面有水源。

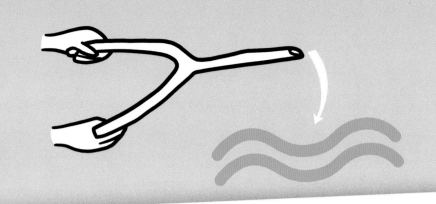

真正發生的事情

占卜師會用一種特殊的方式抓握樹枝，只要雙手有些微動作，便會引致樹枝大幅移動。當占卜師認為某個地方有水時，會潛意識地或是沒有經過思考下，移動了自己的手一點點。正是意念動作效應，令樹枝戲劇性地往下一沉。

即使雙手稍微顫動，也能導致樹枝大範圍揮動。

現在試試這樣做

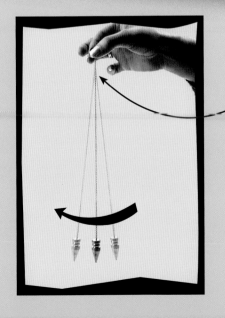

拿着綁有重物的線，盡可能靜止不動……然後等待它移動！

（試試不要）擺動鐘擺

你可以自行觀察意念動作效應如何運作。一隻手拿着鐘擺，問它一些你知道答案的是非題。一會兒後，鐘擺會開始來回搖擺表示「是」，或者繞圈子表示「不是」。在你不知道的情況下，你正移動你的手來給出正確的答案。這種微小的動作會被鐘擺放大或透過鐘擺而變得更明顯。

猜硬幣

你需要
* 硬幣
* 眼罩

你將要成為一個讀心專家，在這個簡單但效果顯著的魔術中一次又一次成功捉弄你的朋友。這全都關乎熱力的科學，還有當你握着一個硬幣時會發生的變化。

我認為⋯⋯是這個硬幣！

1 請朋友將一些硬幣放在桌上。你自己戴上眼罩，然後請他們選出一個硬幣，緊緊將它握在手中以添加更多魔法力量。你之後將會神奇地挑出這個硬幣。

告訴朋友要全神貫注地留意他們選中的硬幣。

2 請朋友將硬幣放回桌上。脫下眼罩，並說你會找出他們選中的硬幣。一個接一個地撿起每個硬幣。假裝你正在使用念力，但你真正做的是感受哪一個硬幣比較溫暖。

3 登登！當你揭曉被選中的硬幣時，你的朋友會非常驚訝。

真的非常厲害！

背後的 科學 原理

在你朋友手裏晃動着的温暖原子會撞向金屬裏的原子，讓它們也晃動起來，變得温暖。這些温暖的金屬原子會撞向金屬裏其他原子和粒子，令它們晃動，熱力便這樣傳遍整個硬幣了。

硬幣會在你朋友的手中變暖，原因是傳導現象。

如果你能透過顯微鏡觀察金屬裏稱為原子的微小粒子，就會看見較熱的原子不斷到處晃動，而較冷的原子只會稍微晃動。熱力就是原子的晃動，而傳導就是熱力在事物之間移動的方式。

這顆温熱的原子會不停晃動。

晃動會傳給附近的原子。

這顆冰冷的原子晃動得較少。

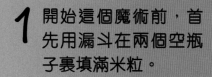

1 開始這個魔術前，首先用漏斗在兩個空瓶子裏填滿米粒。

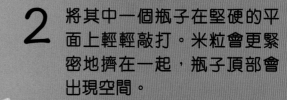

2 將其中一個瓶子在堅硬的平面上輕輕敲打。米粒會更緊密地擠在一起，瓶子頂部會出現空間。

筷子挑戰

在這個有趣的挑戰裏，有一股看不見的力量正在運行。請朋友用一根筷子拿起一瓶米，他們將無法做到，不過你卻可以……

你需要

* 米
* 漏斗
* 兩個空瓶子
* 筷子

我擁有神奇力量！

3 倒入更多米粒，直至填滿瓶頂。重複步驟2和3，直至無法在瓶子倒入更多米粒。別讓朋友看見你在瓶子裏動手腳！

不要在第二個瓶子裏加入更多米粒。這個瓶子要留給朋友使用。

4

瓶子預備好後，就可以向你的朋友發出挑戰了。將筷子插入瓶中，當你往上提起筷子時，瓶子會隨之升起，不過你朋友的筷子會滑出來。

這個魔術的核心是摩擦力的力量。

當物件互相摩擦時，摩擦力會令物件較難移動。當你將兩件物件推擠在一起，摩擦力會變得更強——舉例說，你越用力將雙手推在一起，它們便越難滑開。由於你朋友使用的瓶子裏的米粒並沒有推擠筷子太多，筷子便會滑出來。然而，你的瓶子裏緊密地擠在一起的米粒會用力推擠筷子。較大的摩擦力會阻止筷子滑出來……你便能提起瓶子了！

緊密地擠在一起的米粒意味着有很大摩擦力。

鬆散地放在一起的米粒代表摩擦力很少。

你需要

* 末開封的蒸餾水
* 一瓶自來水
* 一個冰櫃
* 冰塊

留意時間！

1

將一瓶末開封的蒸餾水和一瓶作對照試驗的自來水一同放進冰櫃裏。兩小時後，每15分鐘去查看一次，直至自來水結冰。水結冰後，要將水瓶從冰櫃拿出來，否則它可能會爆炸！

2

將末開封的蒸餾水從冰櫃裏拿出來。它應該仍是液體，不過已經冷至攝氏0℃以下。小心不要敲到瓶子，不然蒸餾水可能即時凍結！打開瓶子，慢慢地將水倒在冰塊上。

魔法冰塔

你也許知道水會在攝氏0℃變成冰，不過你知道水能夠在這個溫度以下仍能保持液體狀態嗎？這裏為你說明如何用冷卻水，帶來神奇的效果。

3 冷卻水接觸到冰塊時會凝固成冰。繼續將水倒在冰塊上——它會變成一座凹凸不平、扭來扭去的冰塔。

背後的 科學 原理

水會在攝氏0℃結冰……但要有一個開始的地方，才會結冰！

水粒子加入冰結晶

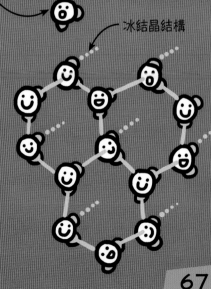

冰結晶結構

在自來水裏，冰結晶會在微小的塵埃粒子周圍形成。那就是為什麼自來水會結冰，而蒸餾水——裏面沒有塵埃——仍然是液體。水與冰接觸時也會凍結，這說明了為什麼冷卻的蒸餾水會在冰塊上立即變成冰。當水撞上冰塊，自由浮動的水粒子會迅速地在冰結晶上固定位置，使冰塔變大。

1 將風筒指向上方,並把它開啟。將乒乓球放到氣流上,然後放手。

看!乒乓球正在懸浮!

你需要
* 風筒
* 乒乓球

警告!

不要使用風筒超過30秒。在實驗結束後不要馬上觸碰乒乓球,因為它可能非常燙手。

浮起來的乒乓球

懸浮,或者飄浮,是一種所有魔術師都應該擁有的技能。

我們可以為你示範如何利用氣流的科學來掌握這種技術。

背後的 科學 原理

空氣的力

重力

這些事情背後的秘密，都跟力的平衡有關。

重力——將我們拉向地面的力——會將乒乓球往下拉，而風筒氣流的力會將乒乓球往上推。當這兩種力剛好平衡時，乒乓球便不會往上或往下移動。你也許會疑惑為什麼當你傾斜風筒時，乒乓球也不會「掉落」。這是出於附壁效應（Coandǎ effect）——當空氣在物體表面外移動時，它會稍微黏住物體表面。因此氣流經過乒乓球時，空氣會黏住乒乓球，固定住它的位置。

2

將風筒略微向側面傾斜。神奇的是，乒乓球會留在氣流裏，不會掉下來。

現在試試這樣做

這是另一個觀察附壁效應如何運作的方法。將瓶子放在紙風車前面，然後直接向瓶子吹氣。風車會轉動，因為你吹出的空氣會黏住瓶子，並繞過它，轉動風車扇葉。真厲害，對吧？

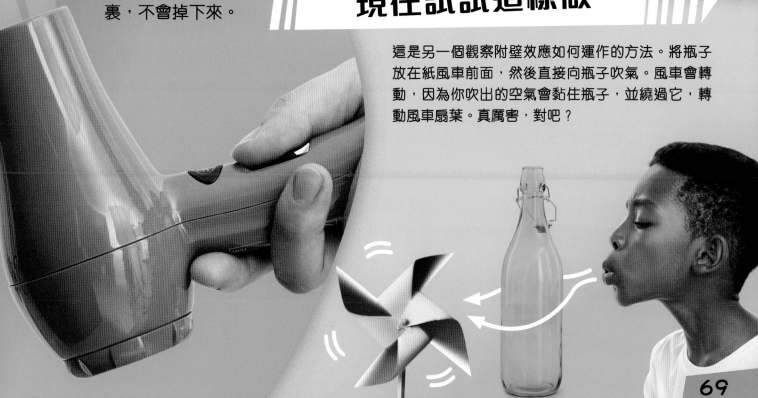

珠鏈噴泉

從一個容器裏拉出一串珠鏈時，一些神奇的事情就會發生。珠鏈會繼續自己傾瀉而出，甚至上升到半空中！那情景好像魔術，不過其實全都與力學有關……

莫爾德效應

這個魔術適用於連接浴缸塞子的那種珠鏈，只是珠鏈要長得多。將珠鏈小心地放進一個玻璃瓶之後，把珠鏈的末端拉出來，然後它就會開始自己流瀉出來……結果令人相當意外。這個現象是由這本書的作者發現的，因此被稱為莫爾德效應（Mould effect）。

將珠鏈的末端拉出來，並讓它往下掉……

珠鏈

找出原因

珠鏈噴泉一直是個謎團，直至兩位科學家約翰·比金斯（John Biggins）和馬克·沃納（Mark Warner）找出背後原理。他們發現在珠鏈離開珠鏈堆時，它會略微往下推向珠鏈堆。全賴牛頓的運動定律，我們知道當你推向某樣事物，那樣事物會反方向推回來：因此珠鏈堆推回珠鏈，令它升起。

珠鏈將珠鏈堆推下
……而珠鏈堆將珠鏈推起！

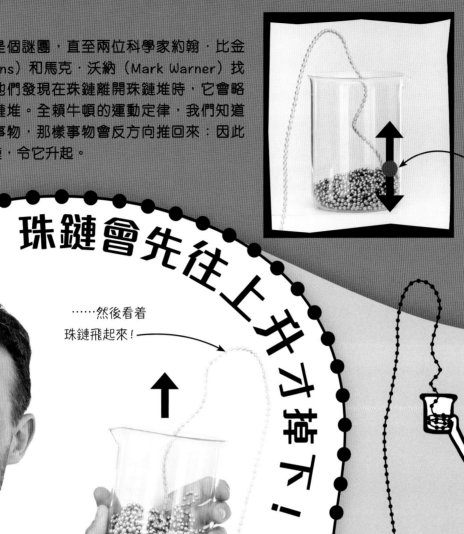

珠鏈會先往上升才掉下！

……然後看着珠鏈飛起來！

更上層樓

如果能夠令珠鏈下跌得更快，便會增加珠鏈推擠的力量，令珠鏈上升得更高。要做到這項條件，你可以將玻璃瓶舉高一些，讓珠鏈能掉下更長的距離。目前的紀錄是珠鏈在玻璃瓶上方1.5米高才向下掉！

71

令人疑惑的巨石

這些巨大的岩石遍布澳洲北部的卡魯卡魯（Karlu Karlu）。它們在山頂上保持平衡，甚至一塊疊在另一塊之上。它們如何來到這樣奇怪的地方呢？

由大自然塑造

岩石會被水、風和天氣現象侵蝕耗損。這些侵蝕形成了全球各地許多不可思議的創造，例如美國亞利桑那州風光如畫的羚羊峽谷（Antelope Canyon）。洪水在數百萬年裏緩緩地將沙岩侵蝕，形成這些色彩斑斕的奇妙雕塑。

魔鬼的彈珠

卡魯卡魯巨石又稱為魔鬼的彈珠（the Devil's Marbles）。你也許會猜想是誰人或是什麼東西擁有足夠的力量將這些巨石推到那裏。真相是，它們全都是周邊的岩石和泥土經過侵蝕作用或是自然磨損後的產物。

你需要

* 兩支叉子
* 木牙籤
* 玻璃杯

1 像圖中那樣將兩支叉子推擠在一起。使用足夠的力度令叉子位置固定，但小心不要刺傷自己。

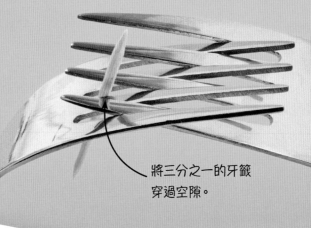

要確保兩支叉子緊緊地連接。

2 將一根牙籤穿過叉子尖齒之間的空隙。

將三分之一的牙籤穿過空隙。

平衡絕技

向朋友發出挑戰，請他們只使用一根牙籤來讓兩根叉子在玻璃杯上保持平衡。不可能吧！不過當我們向你示範怎樣做到，你便能夠用這些神奇的平衡技巧來令你的朋友歎為觀止。

背後的科學原理

這兩支叉子也許看似能夠抗衡重力，不過這全都源於質心這回事。

質心是物體總重量的中心點。它是一切完美平衡的地方。圖中顯示叉子的質心剛好位於牙籤接觸玻璃杯的位置下方。把牙籤剛好放在玻璃杯的杯緣上，叉子便能夠保持平衡。

質心

叉子看起來就像飄浮在半空中！

3 將牙籤放在玻璃杯的杯緣上。小心調整牙籤的位置，直至叉子保持平衡。叉子不應該碰到桌面。

你需要

* 白色紙張
* 白色的蠟筆或者蠟燭
* 箱頭筆（如有）
* 畫筆
* 水彩顏料

你可以用箱頭筆在畫作上添加細節。

1 在一張白紙上，用白色的蠟筆畫一幅圖畫或是寫下一段信息。信息會是隱形的。

2 將這張紙寄送或交給你的朋友。要令圖畫顯露出來，他們應該從紙張的頂部開始，用水彩在紙上塗色。

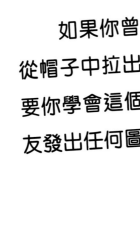

發送秘密

如果你曾經渴望像個真正的魔術師一樣，從帽子中拉出一隻兔子，那你的機會來了。只要你學會這個隱形墨水魔術，就可以向你的朋友發出任何圖畫或信息……完全保密。

背後的 科學 原理

這個魔術跟水和蠟互動的方式有關。

在水性的顏料（例如水彩）裏，微細的水粒子會受紙張上的粒子吸引，被吸收進紙張中。不過，水粒子不會受蠟的粒子吸引。事實上，水粒子更容易受彼此吸引！因此，水會黏在一起，形成水滴，並從蠟上滾開。這就是為什麼畫中有蠟的部分不會吸收顏料，維持潔白。

水滴不會進到蠟面。

在蠟紙上的水

雨衣是由不會吸水的物料製造的。部分雨衣上有蠟塗層。

雨衣

帽子裏面有什麼？

是一隻兔子！

3

登登！圖畫出現了。奇怪的是，這幅圖畫是由水彩沒有着色的地方造成的！

消失的自由神像

1983年，魔術師大衛高柏飛（David Copperfield）表演了一個令人震撼的魔術——他變走了美國紐約市的自由神像。數以百萬計的觀眾都十分驚訝，以下就是他騙過眾人的方法。

在電視上收看與親身目擊

這個魔術獲譽為「世紀幻覺」，當時大衛高柏飛聲言他將會令93米高的自由神像在數百萬觀眾收看的電視直播中消失。為了證明這魔術不只是攝影機的花招，少量觀眾能到場親身見證這項特技表演。

幻覺如何展現

1. 觀眾坐在特殊的舞台上，會看見自由神像位於兩根柱子之間。

2. 接着會在柱子之間拉起一塊布幕，而整個舞台會緩慢地轉動。巧妙的燈光與其他效果令觀眾無法看見或感覺到他們正在移動。

3. 當舞台到達正確的位置，布幕會被揭開。自由神像看似消失無蹤……不過它其實只是藏在其中一根柱子後面！

不可能！自由神像到哪裏去了？

令地面震動

當你站在一個正在移動的舞台上時，很容易便能察覺到，因為你會感受到腳下的震動。為了加以掩飾，大衛高柏飛透過大型擴音器大聲播放音樂。這會令地板震動，遮蓋了旋轉舞台的移動。透過瞞騙觀眾的感官，這位魔術師令觀眾深信這個表演是真實的。

黑暗中的亮光

如果你的身體就是一個手電筒，誰還需要電燈？螢火蟲肯定不需要，牠是少數能運用生物發光——指生物能自行產生亮光——在黑暗中發亮的奇妙動物之一。

在樹林中閃爍

這裏也許看似童話故事中的森林，但其實是一大羣螢火蟲。這種螢火蟲發出黃色的光，而其他品種的螢火蟲會發出綠色、藍色或淺紅色的光。大羣的螢火蟲能夠一起明明滅滅地閃動牠們身上的光，時間配合得天衣無縫。這些閃光可以用來防衞、溝通，還有讓雄性螢火蟲吸引雌性。

奇妙的螢火蟲

螢火蟲（firefly）其實不是牠的英文名稱所說的蒼蠅（fly），而是一種會飛的甲蟲。牠們的腹部——身體下方較後的部分——擁有一個特殊的器官，化學物質會在器官內混合在一起，當中包括一種物質，與氧氣發生作用後會產生光。透過打開及關閉氧氣供應，螢火蟲便能夠控制閃光的速度和亮度。

腹部

懷用的水

有些魔術師聲稱他們能夠運用念力來移動物件。這裏為你示範的是如何能夠運用科學的力量來令水移動。

你需要

* 紙杯
* 尖銳的鉛筆
* 已充氣的氣球
* 水

1 將紙杯上下反轉，用尖銳的鉛筆小心地在紙杯的底部鑽出一個小孔。

2 將氣球在頭髮上摩擦。摩擦一段相當長的時間後，你的頭髮應該會黏住氣球！

3 在鋅盤裏或用一個碗作為盤子，拿着紙杯，並在杯裏注滿水。水從杯底的小孔流出來，形成一道幼細的水流。

水會以直線流出來。

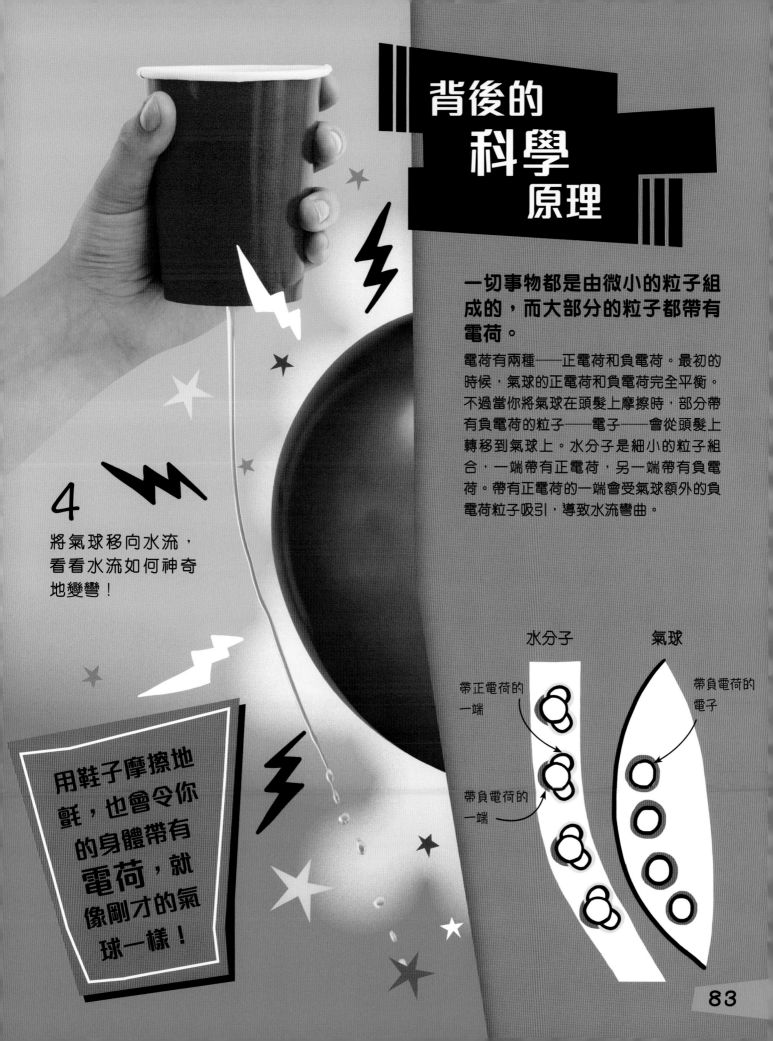

背後的
科學
原理

一切事物都是由微小的粒子組成的，而大部分的粒子都帶有電荷。

電荷有兩種——正電荷和負電荷。最初的時候，氣球的正電荷和負電荷完全平衡。不過當你將氣球在頭髮上摩擦時，部分帶有負電荷的粒子——電子——會從頭髮上轉移到氣球上。水分子是細小的粒子組合，一端帶有正電荷，另一端帶有負電荷。帶有正電荷的一端會受氣球額外的負電荷粒子吸引，導致水流彎曲。

4
將氣球移向水流，看看水流如何神奇地變彎！

用鞋子摩擦地氈，也會令你的身體帶有電荷，就像剛才的氣球一樣！

水分子

氣球

帶正電荷的一端

帶負電荷的電子

帶負電荷的一端

2 如果你想要一個色彩繽紛的球，可以在碗裏加入一些食用色素。

警告！

乳膠可能刺激皮膚，因此在實驗結束後要清洗雙手。

1 將大約兩湯匙的乳膠倒進碗裏。

3 加入大約兩湯匙的醋。輕柔地用匙羹攪拌大約1分鐘，直至它開始凝固。

變出橡皮球

女巫和巫師會在大鍋裏將材料混合，神奇地製作不同的東西。在這裏我們會為你示範如何混合一些魔法藥劑來製作一個球，讓你開心得彈起來。

4 將混合物從碗中拿出來。然後用雙手搓揉，直至……

5 製作出屬於你的彈力橡膠球！

它能彈得多遠？

背後的科學原理

橡膠是一種聚合物，由一串長長的球狀粒子（即原子）所組成。

這些聚合物長鏈會在彼此周圍滑動，全賴稱為阿摩尼亞（ammonia，即氨）的化學物質阻止它們黏在一起。當你在液態橡膠裏加入醋時，它會與阿摩尼亞產生作用，並抵消阿摩尼亞的效用。聚合物如今黏在一起，形成固體——那就是你的橡膠球了！

阿摩尼亞會防止橡膠聚合物黏在一起。

橡膠聚合物會滑過彼此

醋會抵消阿摩尼亞的效用。

橡膠聚合物黏在一起

你需要

* 一堆大小相同的硬幣
* 眼罩（或者圍巾）

1
請一位朋友在手中搖晃最少8枚硬幣，然後將硬幣放在桌子上。

2
暗中數算圖案朝上的硬幣數量。

在這個簡單但令人印象深刻的硬幣魔術中，用金錢魔法迷倒朋友吧。這個魔術的最大優點？它全賴於一些巧妙的數學原理，因此每一次都會成功。

數學
硬幣魔術

3
戴上眼罩，請朋友隨意重新排列硬幣，但不要將硬幣從桌子上拿走。對朋友說你現在要將硬幣分成兩堆，而每堆圖案朝上的硬幣數量都是相同的。

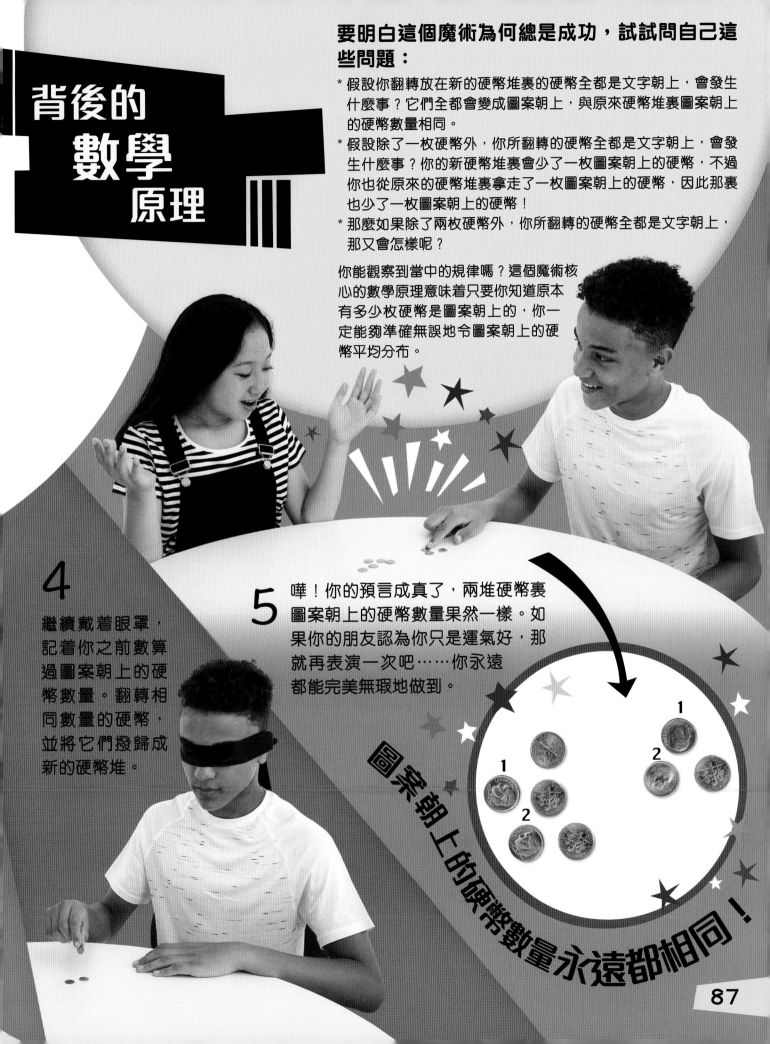

背後的 **數學** 原理

要明白這個魔術為何總是成功，試試問自己這些問題：

* 假設你翻轉放在新的硬幣堆裏的硬幣全都是文字朝上，會發生什麼事？它們全都會變成圖案朝上，與原來硬幣堆裏圖案朝上的硬幣數量相同。

* 假設除了一枚硬幣外，你所翻轉的硬幣全都是文字朝上，會發生什麼事？你的新硬幣堆裏會少了一枚圖案朝上的硬幣，不過你也從原來的硬幣堆裏拿走了一枚圖案朝上的硬幣，因此那裏也少了一枚圖案朝上的硬幣！

* 那麼如果除了兩枚硬幣外，你所翻轉的硬幣全都是文字朝上，那又會怎樣呢？

你能觀察到當中的規律嗎？這個魔術核心的數學原理意味着只要你知道原本有多少枚硬幣是圖案朝上的，你一定能夠準確無誤地令圖案朝上的硬幣平均分布。

4

繼續戴着眼罩，記着你之前數算過圖案朝上的硬幣數量。翻轉相同數量的硬幣，並將它們撥歸成新的硬幣堆。

5 嘩！你的預言成真了，兩堆硬幣裏圖案朝上的硬幣數量果然一樣。如果你的朋友認為你只是運氣好，那就再表演一次吧……你永遠都能完美無瑕地做到。

圖案朝上的硬幣數量永遠都相同！

漂浮的萬字夾

在這個魔術裏，你將會令一個萬字夾浮起來，你的（凡人）朋友將會大感驚奇。

你需要

* 兩個萬字夾
* 一杯水

1 給你的朋友兩個萬字夾。請他們令最少一個萬字夾浮在水上。萬字夾每次都會往下沉！

它往下沉了！

2 拿起其中一個萬字夾，將它屈曲成這個形狀。

3 將另一個萬字夾平放在第一個萬字夾上，形成十字狀。

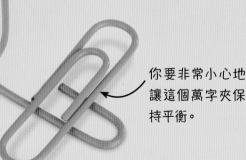

你要非常小心地讓這個萬字夾保持平衡。

4 用第一個萬字夾當作把手，慢慢地將第二個萬字夾放在水面上。保持第二個萬字夾平放，將第一個萬字夾推進水裏，離開現在正在漂浮着的萬字夾。

它漂浮着！它真的漂浮着！

盡可能讓你的手保持穩定。

背後的科學原理

萬字夾浮起來是因為表面張力的現象。

水是由一些互相黏在一起的微小粒子組成的。因為在水面的粒子上面沒有其他東西，水面的粒子黏在一起的力量會較強。這形成了一片緊密、有彈性的表層，它強韌得足以支撐一個——小心地放置的——萬字夾。

水面的水粒子黏貼得較強。

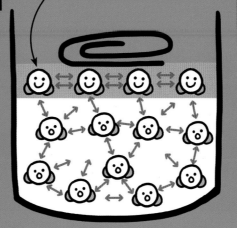

在水上行走

有些昆蟲會利用表面張力來在水面上行走。水黽（pond skater）腳上有特殊的墊子，上面布滿帶有蠟質、防水的毛髮。牠們的腳會令水面凹下，但表面張力令牠們繼續浮在水面上。

釘牀表演的秘密

先旨聲明──躺釘牀只能由專業人士進行。你**絕不**應該躺在釘子上！那是非常危險的。為此你也許會認為，當你躺在數以千計的釘子上時情況會糟糕數千倍。事實卻不然⋯⋯

舞台上的經典

躺釘牀是傳統的冥想方式，一些印度聖人會進行這樣的修習。不過許多年來，它也成為了一項深受歡迎的舞台表演。在過程中，藝高膽大的表現者會冒着身體被釘子刺穿的風險來娛樂觀眾。這位勇敢的表演者變成了釘子三文治的餡料。

數千根釘子比一根釘子好

要是你將一個氣球推向一根釘子（不要在家嘗試這樣做！），不用太用力推，氣球就會破裂。這是因為你所有的推力都會集中在一根釘子上。不過，如果把氣球推向許多根釘子，它卻不會破裂——推力會分散在各根釘子上，不足以令氣球卜的一聲破掉。這原理在人體的皮膚亦同樣適用。

力分散在許多點上。

力集中在細微的
一點上。

這全都與壓力有關！

壓力點

當力集中在一個細小的範圍裏，我們會說壓力很高。當力分散出去，我們會說壓力較低。這個魔術總是會採用較鈍的釘子，它們比尖銳的釘子有較大的表面面積，因此壓力較低，而皮膚亦不會被刺穿。

尖釘子——壓力高

鈍釘子——壓力低

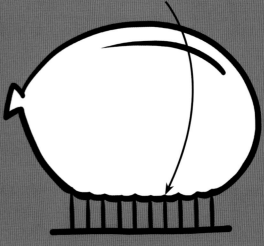

大象也許身體沉重，但牠寬闊的腳掌會分散重量，因此壓力較低。

高跟鞋

高跟鞋的鞋跟面積很小，因此壓力較高。

大象的腳

詞彙表

力 force
令物件移動、改變方向、改變速度或停止移動的推擠或拉扯

大氣層 atmosphere
包圍着一顆行星的氣體層

太陽風 solar wind
從太陽流出的粒子流，會傳遍太陽系

平衡 balance
阻止人跌倒的感官；又指物件重量平均分布，令它保持直立與平穩

生物發光 bioluminescence
一些生物產生及發出亮光的能力

光譜 light spectrum
一系列光的顏色，從紅色到紫色，是我們的眼睛能夠看到的

肌腱 tendon
帶狀的堅韌組織，連接肌肉和骨頭

色素細胞 chromatophore
一種皮膚細胞，裏面有一些小囊，盛載着有顏色的化學物質。如果這些小囊擴展，細胞便會改變顏色

油 oil
不會與水混合的液體

盲點 blind spot
視網膜上的細小區域，那裏無法感光。神經纖維會從盲點離開眼睛，並形成視神經

肺容量 lung capacity
某人在非常深入地吸氣後，能夠吸入肺部的空氣總量

表面張力 surface tension
由互相黏在一起的微細水粒子產生的一種力，會在水面形成一種薄膜

侵蝕 erosion
因為天氣變化而磨損地球表面的特徵

紅外線 infrared
一種感覺溫暖的光，但人類看不見它

重力 gravity
將一件物件拉向另一件物件的力。重力是物件掉在地上的原因

冥想 meditation
清空或集中思緒的練習

原子 atoms
微小的粒子。所有物質都由原子組成

氣壓 air pressure
空氣壓在物體上的力

脫身雜技演員 escapologist
一種表演者，能夠極速逃脫各種束縛，例如手扣、繩索或鎖鏈

晶體 crystal
一種可辨識形狀的固體，例如立方體

視神經 optic nerve
一束神經，會將電子信號從眼睛裏的視網膜傳送到腦部

視網膜 retina
眼睛後方的感光細胞層

傳導體 conductor
能讓熱力或電力輕易通過的物質

感光體 photoreceptor
眼睛視網膜裏的一種細胞，會感知光線

感應元件 sensor
數碼相機中的電子儀器，能利用光在顯示器上以像素組成圖像

極光 aurora
在夜空中出現的彩色光帶，特別會在極地出現

賈斯特羅錯覺 Jastrow illusion
一種視覺魔術，兩個完全相同的彎曲形狀放在一起，看起來卻像長短不同

電子 electron
原子裏三種微小粒子之一。電力是電子的流動

賈斯特羅錯覺

像素 pixel
顯示屏中細微的區域。許多像素加起來能組成圖像

慣性 inertia
事物避免移動或改變的傾向

磁石 magnet
鐵或其他物質，能夠吸引其他有磁力的物質

聚合物 polymer
一組固定在一起的原子，形成一條長鏈

摩擦力 friction
阻止物件互相滑過彼此的力

懸浮 levitation
在空中升起或飄浮的動作

索引

鳴謝

謹向以下單位致謝，他們都為這本書付出良多：Jolyon Goddard 和 Sally Beets（編輯）；Seepiya Sahni（設計）；Caroline Hunt（校對）；Helen Peters（製作索引）；Lol Johnson 和 Ruth Jenkinson（攝影）；Eddie、Jaiden、Jamie、Lola、Mariah 和 Ryhanna（模特兒）；Anne Damerell（法律顧問）。

作者謹將此書獻給父母。

The publisher would like to thank the following for their kind permission to reproduce their photographs:

(Key: a-above; b-below/bottom; c-centre; f-far; l-left; r-right; t-top)

11 Alamy Stock Photo: EyeEm (br). **13 Dreamstime.com:** ForeverLee (bl). **14 Alamy Stock Photo:** Everett Collection Historical (bl). **Dorling Kindersley:** Davenport's Magic kingdom (cra). **15 Dreamstime.com:** Petrjoura (cr). **16-17 naturepl.com:** Nature Production. **17 Alamy Stock Photo:** Paulo Oliveira (tr). **21 Dreamstime.com:** Antonio Gravante (clb). **PunchStock:** Steve Smith (c). **28 Getty Images:** Steffen Schnur. **30 Dreamstime.com:** Saitharn Samathong (c, cl). **31 Alamy Stock Photo:** Cultura RM (br). **Dreamstime.com:** Alen Dobric (ca). **Science Photo Library:** Giphotostock (cr). **37 123RF.com:** Yurii Perepadia (br). **38 Bridgeman Images:** A. Ganot, Natural Philosphy, London, 1887. / Universal History Archive / UIG. **39 Alamy Stock Photo:** DonSmith (bl). **40-41 Alamy Stock Photo:** Paul Brady. **44 Dreamstime.com:** Sergey Dolgikh / Dolgikh (br). **50 Getty Images:** DeAgostini. **51 Depositphotos Inc:** vareika_tamara (cr). **52 Alamy Stock Photo:** Rolf Nussbaumer Photography (clb). **52-53 Getty Images:** Wild Horizons / UIG. **53 Science Photo Library:** Pascal Goetgheluck (bc, br). **55 Alamy Stock Photo:** Panther Media GmbH (ca). **57 Dreamstime.com:** Kenzenbrv (bc). **60 Mary Evans Picture Library. 61 Alamy Stock Photo:** imageBROKER (bl). **72 Alamy Stock Photo:** Edwin Verin (clb). **72-73 Alamy Stock Photo:** Ingo Oeland. **77 Dreamstime.com:** Maxim Kostenko (cra). **78 Alamy Stock Photo:** Everett Collection Inc (bl). **80-81 Getty Images:** Kei Nomiyama / Barcroft Images / Barcroft Media. **81 naturepl.com:** John Abbott (t, t/Firefly). **89 123RF.com:** poonotsuke (crb). **90 Getty Images:** Jeff Goode / Toronto Star. **91 Dorling Kindersley:** Colchester Zoo (br). **Dreamstime.com:** Ljupco (cb).

All further images © Dorling Kindersley For further information see: www.dkimages.com

第54至55頁隱藏了什麼圖像？

用心觀看，你會看見星星（第54頁）和一匹馬（第55頁）。如果你用相同的技巧**看透**本書封面內頁和封底內頁，你也許會發現更多星星！